飞向月球

浪花朵朵

[英]戴维·朗 著　[美]萨姆·卡尔达 绘　陆天和 译

飞向月球

人类登月的历史

浙江教育出版社·杭州

目　录

为了纪念佩内明德的

众多受害者

飞向月球

"我们时代最伟大的冒险之一"

人类已经向太空发射了5000多枚火箭，但只有12个幸运儿曾搭乘火箭抵达月球并在月球上行走，在那儿回望着我们的地球。

带他们往返月球的这几趟旅行，是全世界曾见证过的最昂贵的事，也是人类工程史上举世瞩目的成就。这几趟飞向月球的旅行，取名为"阿波罗"登月任务。为了这些旅行的成功，40多万人曾齐心协力，并肩战斗。

在"阿波罗"登月任务之前，也曾有小型火箭进行过太空旅行，它们始于1944年德国发射的V-2型火箭。1961年，苏联宇航员尤里·加加林成为了第一个绕地球飞行的人。其他火箭也曾成功地实现了绕月飞行，但是从来没有一枚火箭尝试过在月球表面着陆。在"太空竞赛"中，美国和苏联一直在相互竞争，都想要成为第一个能够登陆月球的国家。

但是想要把人类送到月球，再安全返回地球，需要和之前不一样的火箭。这种新型火箭的体积更大，推力更大，造价也比之前的火箭昂贵得多。

"1961年，苏联宇航员尤里·加加林成为了第一个绕地球飞行的人"

这枚新型火箭被称为"土星5号"。和其他火箭一样，它需要挣脱地球引力，飞越几十万千米，飞向太空。因为宇宙空间环境条件恶劣、险象环生，所以在距离地球那样遥远的地方，火箭必须具备"生存"所需的全部技术能力。

除此之外，和以往的火箭相比，"土星5号"能够飞得更快更远。每一枚"土星5号"火箭大约由300万个零部件组成。迄今为止，"土星5号"仍然是人类发射的最大最重的火箭。它比美国的自由女神像或英国的大本钟都要高——从顶端到尾部竟有111米高，重达2800吨。

每一枚"土星5号"火箭需要搭载三名宇航员和足

"每一枚'土星5号'火箭需要携带足够的燃料，以保障火箭能够飞越384,400千米"

够的燃料，这些燃料能够保障火箭飞越384,400千米到达月球，再返回地球。它还需要携带在月球表面着陆并再次起飞的设备（登月舱）。

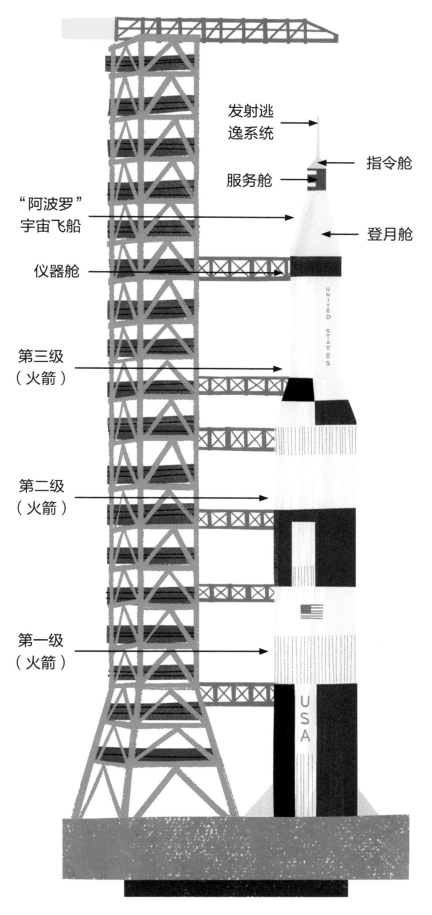

发射逃
逸系统

指令舱

服务舱

"阿波罗"
宇宙飞船

登月舱

仪器舱

第三级
（火箭）

第二级
（火箭）

第一级
（火箭）

尽管"土星5号"体积庞大，不过它的大部分空间都被燃料和11个巨大的发动机引擎所占据。350多万升能瞬间提供巨大推力的煤油、液态氢和液态氧等，组成了具有危险性的液体燃料。这种组合燃料对于发射火箭，使其摆脱地球引力起着必不可少的作用。在太空中，"土星5号"有3个舱段会被宇航员使用到。位于头锥部分的指令舱，是在发射阶段宇航员所待的地方。服务舱里放置了主要的引擎，它将在太空中给飞船提供动力，并且也配备了生命保障系统，为所有机组人员提供生命活动所需的能量。登月舱是在月球表面着陆的舱段。

第一批"土星5号"火箭被用于测试，验证了火箭所使用的技术在工作状态中是安全、稳定的。终于，"土星5号"火箭在首次研制成功三年后达到安全要求，执行了第一次载人探月任务——那一天是1969年7月16日。

我们已经起航

"引擎开始发出雷鸣般的吼声"

几千年来，人类都在举头望着明月。所以，有人真的可以飞到月球，并能够从那儿回望我们的地球，这一构想足以令人激动万分。在1969年7月16日的早晨，全世界数百万人打开了电视机，观看尼尔·阿姆斯特朗、巴兹·奥尔德林、迈克尔·柯林斯这三位"阿波罗11号"宇宙飞船的宇航员进入船舱。

为了见证人类首次登月，来自几十个国家的数十万人，都聚集在佛罗里达州发射场周围的船上和海滩上。在起飞阶段，火箭有爆炸解体的危险，所以观众们都坐在距离发射场超过4千米的地方。但即便如此，火箭起飞的声音仍旧震耳欲聋。火箭第一级的5个发动机引擎被点燃并开始发出雷鸣般的吼声，楼宇随之晃动，地面也在震颤。第一次探月旅行开始了。

飞船船舱内的噪声极其可怕。当离开发射塔后，整个火箭都在剧烈地颤动。虽然之后在太空中，宇航员会经历失重的感觉，但是现在，由于巨大的发动机引擎正将整个飞船推向深空，极大的过载*使得宇航员几乎无法移动他们的胳膊和腿。

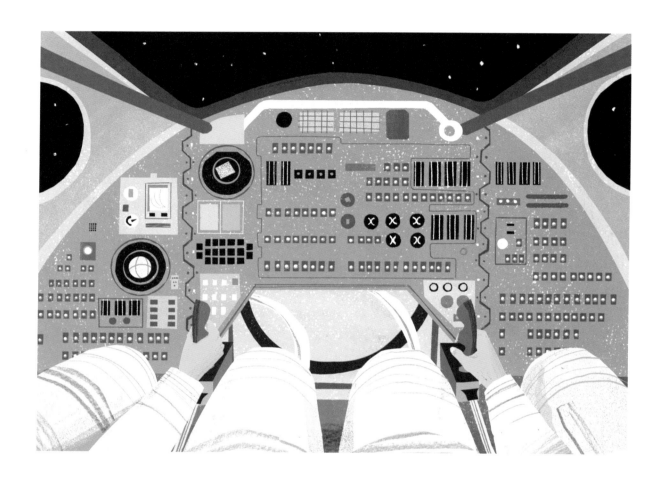

"极大的过载使得宇航员几乎无法移动他们的胳膊和腿"

　　在发射后12分钟，"阿波罗11号"宇宙飞船以大于32,000千米/时的速度飞行。即便以这样快的速度，到达月球仍需近四天的时间。宇航员透过船舱的窗户向外看，地球变得越来越小。虽然"阿波罗11号"宇宙飞船仍旧可以和地球上的任务控制中心交流，但是现在无线电信息需要几秒才能穿越空间，相互传递。不一会儿，整个地球看起来就没有一个玻璃球大了，这是之前从未有人看过的独特景象。

*过载，是指飞行器所受气动力和推力的合力（F）与飞行器重力（G）的比值，即 $\frac{F}{G}$。当 $\frac{F}{G} > 1$ 时，飞船内的宇航员会感觉自己的身体变重了。——编者注

"到达近384,400千米外的月球，要用差不多4天时间"

最初的几分钟过去后，"土星5号"运载火箭的前两级发动机就被抛掉了。第三级火箭发动机在几小时之后也被抛掉。在余下的漫长而又孤独的航行中——地月间往返里程长达数十万千米，三位宇航员将一起吃饭，一起睡觉，一起在小小的太空舱中飘浮。

这个太空舱被称作指令舱，它只有3米高，不足4米宽。指令舱内光线昏暗，狭窄的空间中装有5个由厚玻璃制成的小窗户。这是整个庞大的火箭上唯一会重返地球的部分。

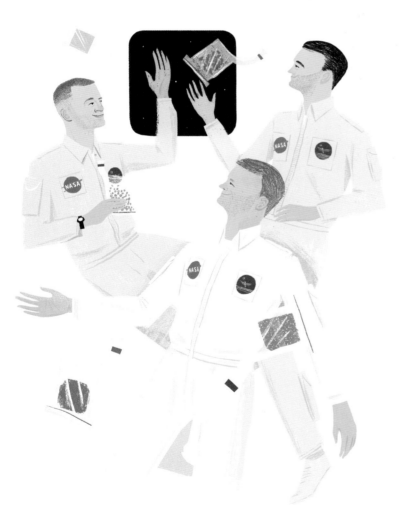

"三位宇航员将一起吃饭，一起睡觉，一起在小小的太空舱中飘浮"

如果宇航员饿了，有烹饪好后经冷冻、干燥封装在小袋子中的一份份牛肉肉糜、吐司面包、饼干和培根供他们食用。如果宇航员渴了，一个被称作燃料电池的设备使氢气和氧气发生反应，制造饮用水。饮用水先被注入到袋子中，再通过挤压进入宇航员的嘴里。

当想要睡觉时，每位宇航员会爬进一个睡袋。这些睡袋被捆绑固定在指令舱的墙上，以防止它们在失重的环境中随意飘浮。上厕所则要用到大量的塑料袋和长软管，这些事情令人尴尬，对此大多数宇航员在返回地球后都缄口不言。

"因为在太空中没有空气，所以它不需要具备流线型的外观或者满足空气动力学的需要"

飞行4天后，阿姆斯特朗和奥尔德林费力地穿上航天服，而后通过舱口进入火箭的最后一段。代号为"鹰"的登月舱，是一个与众不同、有棱角的航天器，它要完成降落到月球表面的任务。"鹰"号登月舱具有奇特的外貌，它有细长的金属腿和扁平的脚。因为在太空中没有空气，所以它不需要具备流线型的外观或者满足空气动力学的需要。

柯林斯留在舱内，独自进行绕月飞行。与此同时，他的同伴们继续向月球航行约110千米，到达月球表面。他们准备做一件人类历史上前所未有的事情：在地球之外的星球上留下人类的足迹。

"鹰"号登月舱已着陆

"我的一小步，是人类的一大步"

在靠近月球表面时，阿姆斯特朗意识到降落地点被砾石覆盖。其中一些岩石和小汽车一样大，这很有可能损伤"鹰"号登月舱。所以这位前试飞员用最后一点儿时间，巧妙地驾驶登月舱飞到了更安全的地方降落。

> "其中一些岩石和小汽车一样大，这很有可能损伤'鹰'号登月舱"

阿姆斯特朗和奥尔德林接到指令，在出舱之前要在吊床上休息一会儿。因为站在月球表面很可能将他们置于危险的境地：月球上温差极大，太阳照射面温度可超过沸点，背面温度则会低至-153℃。而宇航员只有厚重的航天服来保护自己。

不像地球，月球表面没有大气层，所以也没有可供呼吸的氧气。因此，每一件航天服都有一套生命支持系统，该系统包含一个储存氧气的特殊背包。形似鱼缸的头盔使宇航员能够更好地观察月球的地貌。同时，每一个头盔的面窗都覆有一层薄薄的黄金，来保护宇航员的眼睛免受眩目的阳光伤害。在头盔内部，甚至还有一小块粗糙的材料，它可以在宇航员没有办法挠痒时，帮他们挠发痒的鼻子。

"月球上温差极大，太阳照射面温度可超过沸点，背面温度则会低至-153℃"

11层不同的纤维织物使宇航员免受如下伤害：从月尘到宇宙飞船的尾焰，再到被称作微流星体的飞行着的陨石。但是这也意味着，每一件航天服重达80千克，几乎和宇航员自身的体重不相上下。即便是在低重力环境中，厚重的航天服也会给宇航员的行动带来极大的不便。

虽然航天服给宇航员提供了一定的防护，但是在这样一个危险重重的环境中，宇航员仍旧需要用他们的智慧去保护自己。登月舱着陆后，宇航员们休息了4个小时。之后，阿姆斯特朗离开了"鹰"号登月舱的安全庇护，成为有史以来第一个在月球上行走的人。

阿姆斯特朗跳到满是粉末状尘土的月球表面，向地球传回了一条著名的消息：我的一小步，是人类的一大步。在阿姆斯特朗出舱约20分钟后，奥尔德林出舱。他俩还开玩笑说，不要一不小心把他们锁在宇宙飞船的外面。

尽管航天服厚重不便，但月球上的经历依然让航天员感到惊奇。奥尔德林把那样的景观描述为"壮丽的荒凉"——在漆黑一片并且空气稀薄的天空下，是一片茫茫无际布满岩石的荒漠。当阿姆斯特朗说到从月球上回望小小的地球时，"我没有感受到伟大，我只觉得自己非常非常渺小"。

"奥尔德林把那样的景观描述为'壮丽的荒凉'"

这两位踏上月球的宇航员还不知道，在几十万千米之外的地球上，有超过五亿人正在通过屏幕闪烁的黑白电视机观看他们在月球上行走的画面。

许多在电视前观看的人一定从未想过人类可以登上月球。这距离威尔伯·莱特的飞机第一次成功试飞仅仅过去了66年——那次试飞也只是飞了几米并且才持续了12秒——但现在，这些人一路飞向了月球。宇航员们随身携带着两块莱特兄弟飞机上的小碎片，以此铭记他们那令人惊叹的成就。

然而，在这样一次难以置信的旅程后，他们只有不到3个小时的月球探索时间，而后"鹰"号登月舱就从月球表面起飞并重新进入柯林斯所在的绕月轨道。

由于之前着陆时遇到了问题，"鹰"号登月舱剩下的燃料只够提供他们按规定时间起飞，重新返回飞船所需。而且，不知怎么回事，它的一个发射控制器突然不工作了，但奥尔德林把一支普通的钢笔塞进了断路器开关的小开口中，这个控制器又奇迹般地工作了。柯林斯紧张地看着他称之为"金色小虫子"的登月舱越来越近。不一会儿，在两个舱段成功对接后，他终于可以欢迎登月的两位伙伴重返船舱。

三位宇航员返程又用了3天时间。服务舱是位于锥形指令舱下面的长圆柱形舱段。在返程过程中，登月舱和服务舱都被丢弃在了太空中。庞然大物般的"土星5号"上，唯有指令舱返回了地球。它以超过38,500千米/时的速度重新进入地球大气层，并安全地溅落在太平洋上。

这个壮观而不真实的世界

"你只是飘浮在无尽的黑暗中……
这太不可思议了"

距离"阿波罗11号"宇宙飞船发射、返回舱溅落仅8天，另外三位宇航员已经在为第二次登月做着准备了。

4个月后，查尔斯·康拉德、艾伦·比恩、理查德·戈登登上了"阿波罗12号"宇宙飞船，开始了他们的探月之旅。在此次发射后的几秒钟内，暴风雨侵扰着火箭，闪电也两次击中火箭。令人害怕的警报声在火箭内响起，数十盏警示灯照亮了船舱。

但让人难以置信的是，这些损坏并不是很严重，这三位宇航员很快就踏上了去往月球的旅途。

此次登月按计划如期进行，非常完美。登月舱"无畏"号精准地停在预定的位置，将康拉德和比恩放在了距无人探测器不远的地方。这个无人探测器是"勘测者3号"，它在两年前就已经被送上了月球。

戈登独自一人待在船舱内，开玩笑地说"能摆脱他们42小时觉得很开心"。但不一会儿他就承认，不能和另外两名宇航员一起在月球着陆确实非常遗憾。在已经飞行了很远距离的情况下，他说："我仍有约96.5千米要飞。"

"我仍有约96.5千米要飞"

但是他自己的经历同样令人惊叹。有史以来，仅有6人曾独自绕月飞行。几乎每隔一个小时，当宇宙飞船飞到月球背面时，它与地球的所有通信都会中断。

"独自待在黑暗中，'窗外是浩瀚无边的宇宙'，戈登感到了这种孤寂，但他发现这其实也很奇妙"

此时，整个世界只剩寂静和孤独。独自待在黑暗中，"窗外是浩瀚无边的宇宙"，戈登感到了这种孤寂，但他发现这其实也很奇妙。

戈登在月球上的那两位同事，按计划待在月球上的时间是"阿波罗11号"宇宙飞船的宇航员的2倍还多。康拉德决定享受这次探月之旅，他在第一次离开"无畏"号时大声欢呼，并且拿自己比阿姆斯特朗短的腿开玩笑，说阿姆斯特朗的一小步对他来说是一大步。

两位宇航员一出舱门，似乎就很享受在月球上的状态，对这个奇怪、崭新而又失重的世界嬉笑不停，以至于任务指挥中心不得不让他们安静一点儿。

"地球看起来就像一只闪闪烁烁、蓝白相间的眼睛，慢慢地睁开，再慢慢地闭上"

在低重力环境中四处走动看起来非常有趣。厚重的航天服使宇航员不可能正常走路，很快他们就发现最好的移动方式是慢慢地从一步跳到下一步。如果他们中有人被绊倒了，他会非常缓慢地摔向地面，然后做一项奇特的弹跳运动，以便身体回到原位。

不像"阿波罗11号"宇宙飞船的宇航员们那样匆忙，"阿波罗12号"宇宙飞船的两位登月宇航员有着充足的时间来享受这次经历。比恩发现所有的一切都有些许不真实感，就好像在梦中一样。在他看来，地球就像一只闪闪烁烁、蓝白相间的眼睛，慢慢地睁开，再慢慢地闭上。他还发现自己在喃喃自语："这就是月球，我真的在这儿了，真的在这儿了！"就像许多人从收音机里听到的宇航员们兴奋的喋喋不休一样，他简直不敢相信这是真的。

但是比恩也有工作需要完成。和康拉德一样，他的袖子上附有一个小记事本，提醒他要完成什么任务。这里面有一些任务控制中心的朋友们写的玩笑话，但主要还是列举出的需要完成的科学实验。

他们在月球表面进行了月震研究及月球磁场强度测量的实验。宇航员希望能够找到关于这个奇特而崭新的世界里气体的更多相关信息。他们也接到指令，要去收集一些岩石样品和月尘，并将它们带回地球供科研之用。

因为是风化层，月尘会引发相当多的问题。它们精细到令人难以置信的程度，而且无论什么时候被宇航员的靴子扬起，都需要很长的时间才能落下。这是因为单个月尘颗粒既尖锐又粗糙，可以吸附在所有的东西上面。

比恩和康拉德想要在返回"无畏"号登月舱之前把身上的尘土都刷掉，但他们发现做不到。他们越是努力，尘土就越会粘在他们的航天服上。过了一会儿，当他们该返回指令舱时，戈登说他们身上太脏了，不能进入飞船。因此，在启程返航之前，比恩和康拉德不得不脱下他们脏兮兮的航天服，并把它们留在了登月舱。

从那时起，在执行每一次探月任务时，宇航员都会带上一把特殊的刷子。

灾难

"距离地球约320,000千米处的一声巨响"

听着康拉德和比恩的欢声笑语，很容易让人忽略太空探险的危险和困难。

但这其中的艰辛宇航员都一清二楚，所以在执行"阿波罗15号"任务时，宇航员把一样东西留在了月球上，那是一块泛着光泽的金属纪念牌，用来缅怀14位在执行任务时殉难的美国宇航员和苏联宇航员。

在"阿波罗13号"任务执行的第三天，有一个氧气罐伴随着一声巨响发生了爆炸。这提醒人们在太空探险中可怕的危险一直存在。虽然没有人受伤，但服务舱损毁严重，和地球之间的所有无线电通信全都中断了。而那时，飞船与地球的距离已超过320,000千米。

"休斯顿，我们在这儿遇上麻烦了"

虽然通信系统在两秒钟内修复了，但随着那条著名消息——"休斯顿，我们在这儿遇上麻烦了"——的发出，很显然，吉姆·洛弗尔、杰克·斯威格特和弗雷德·海斯不能继续他们前往月球的旅程了。

"很显然他们不能继续
前往月球的旅程了"

这样的失望是显而易见的，但是更令人害怕的是，由爆炸引起的船舱毁坏，可能也让他们无法返回地球。

从指挥舱的小窗户向外看，宇航员们甚至可以看到氧气正在向太空中泄漏。虽然剩下的氧气足够他们呼吸所用，但燃料电池需要更多的氧气用于飞船内部发电和饮用水制造，这些对他们的生存至关重要。

三位宇航员冷静地进入登月舱"水瓶座"号，想要把它作为救生艇来用。他们的解决方案是关闭指令舱上的所有设备，为返回地球旅程的最后阶段节约电能。但为了能确保返回地球，摆在他们面前的第一件事是找到回到绕地轨道的方法。

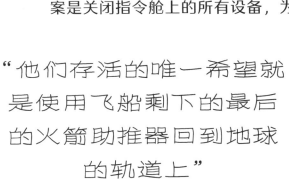

他们存活的唯一希望就是使用飞船剩下的最后的火箭助推器回到地球的轨道上。这样的一种尝试是前无古人的，他们也不知道仅仅凭借一个小小的助推器是否能够成功回到地球轨道。

在地面上，数百位美国国家航空航天局员工为了这次营救夜以继日地工作着。

"相关的数学运算
必须十分精确，因
为他们只有一次成
功的机会"

他们正在努力精确地计算小火箭在什么时候、以
何种方式点火，可以使宇航员们幸存的可能性达到最
大。相关的数学运算必须十分精确，因为他们只有一
次成功的机会。整整四天，没有一个人回家，甚至没
有一个人在办公桌下的地上偷闲睡上几分钟。

与此同时，在数十万千米之外的太空，宇航员们
正面临着另一个更加紧迫的危险。与正常状态相比，此时的"水瓶座"号登月舱内
环境状况令人难受。为了节约能源，主计算机被关闭，舱内很快变得潮湿而又极其
寒冷。更重要的是，"水瓶座"号登月舱原本的设计
是供两名宇航员生活一天半，而不是三名宇航员使
用四天。因为没有充足的空气过滤器，随着二氧化
碳的浓度越来越高，空气供给也变得越来越对人体
有害。

"随着二氧化碳的浓度
越来越高，空气供给
也变得越来越对人体
有害"

指令舱装有被称作"洗刷者"的特殊过滤器，这些过滤器可以解决上述问题。不过，它们是方形的，而在登月舱上用来激活它们的软管接口却是圆形的。虽然如此，任务指挥中心向宇航员们展示了如何用袜子、塑料袋和一些胶带制作一个适配器，让方形的栓可以和圆形的孔相匹配，使空气供给安全得以维持得更久些。

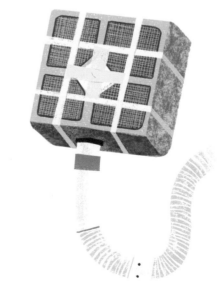

虽然适配器的样子看起来一团糟，但这的确是一个明智的解决方法，一个能够使筋疲力尽的宇航员们在阴冷而不舒适的"救生艇"里活下去的方法。最终，任务指挥中心计算出了剩余的最后的火箭推进器什么时候点燃以及点燃多久。

在令人紧张的数小时过后，剩余的最后的火箭助推器被点燃，"阿波罗13号"宇宙飞船开始慢慢向地球移动。宇航员们从"水瓶座"号登月舱返回指令舱，并且在与被损毁火箭段分离之后，他们按照常规的方式再入地球大气层。但是即便到了这一步，也没有人能保证他们一定安全，因为在之前的爆炸中，降落伞也有可能被损坏了。

时间一分一秒地过去，最终指令舱在辽阔的海洋上方被人们发现，三个降落伞都顺利打开并且可以正常工作。灾难消除了，三名宇航员也在指令舱溅落海面后被成功从舱内解救出来。

　　或许"阿波罗13号"宇宙飞船并没有成功完成登月任务，但是宇航员们却在命悬一线的情况下幸存了下来。正是凭借着创造力和冷静，再加上真正令人震撼的勇气，他们回家了。

月球上的科学

"有人说有十亿年了，我想，嗯？
没有什么有那样古老"

人类在月球漫步的计划令人无比激动，这不仅仅是对于电视观众而言，对于宇航员来说更是如此。但是渐渐地，这种冒险感就被严肃认真的考察所取代。

尽管"阿波罗13号"宇宙飞船刚经历了一次灾难，但下一次的任务已经在计划当中了。"阿波罗14号"是第一次预计完全用于科学研究的登月计划。与之前的宇航员一样，艾伦·谢泼德和埃德加·米切尔的袖子上都列有各种各样需要在月球表面完成的任务和相关的指导。小型两轮手推车第一次被带上了登月舱，用来运送岩石样本、宇航员所需要的全部工具和相机。

斯图尔特·鲁萨正在距离他们数千米的上空绕月飞行，他拍摄了数百张令人叹为观止的月球照片，希望能确认一些未来潜在的登月着陆点。他也携带了约500颗种子，放在指令舱里。因为科学家们想知道，在种子被带回地球后，太空环境是否会对植物发芽和生长的能力造成损害。

"科学家们想知道，太空环境是否会对植物发芽和生长的能力造成损害"

这个试验取得了成功——几乎所有被带去太空的种子在地球上仍能正常生长。最终这几百株特别的"月球树"被种植在公园和森林里，遍布美国。其中有一些是红杉，那是世界上能够长得最高的树。

在两次登月舱外的旅程中，谢泼德和米切尔推着手推车走了3000多米，比之前任何一位宇航员在月球上行走的距离都要远。他们收集了一些有亿万年历史的岩石碎块。像这样的巨型岩石，早在人类甚至是恐龙在地球上出现之前，就飞越太空向月球撞去，并且在月球表面形成了许多至今仍可见的巨型坑洼。

即便可以借助手推车，收集岩石和泥土样本以便带回地球供研究使用，这项工作依然令人精疲力竭，尤其是当他们采集了一个约42千克重的庞然大物时。

"最终几百株特别的'月球树'被种植在公园和森林里，遍布美国"

不过，宇航员们也还有时间在月球上玩耍。谢泼德设法把高尔夫球杆带上了飞船，他以前用这根球杆击打过不少颗球。这是历史上第一次有人在月球上做体育运动。穿着航天服的谢泼德要正确地挥舞球杆有些困难，不过，高尔夫球在低重力环境和没有空气阻力的情况下，似乎飞了数千米远。

登月的两位宇航员在观看关于此次任务的第一部彩色电影时，都觉得独自待在这个静谧而又神奇的世界是一次令人感动至深的经历。当登月任务完成，谢泼德和他的同事已安全返回时，他坦言，第一次站在月球上回望地球，他真的是热泪盈眶。

"从如此遥远的距离看着地球，他被这种美深深地震撼着"

这样一种强烈的情感意外地完全占据了谢泼德的内心，米切尔也有相同的感受。尤其是从如此遥远的距离看着地球，他被这种美深深地震撼着：一颗天蓝色、翠绿色和白色交错的宝石，熠熠发光，在无尽黑暗中徐徐移动着。

正如"阿波罗13号"宇宙飞船的宇航员吉姆·洛弗尔注意到的一样，以这样的距离来遥望，地球看起来太小了，于是，他说道"每一件你曾知道的事情，你所爱着的人们，你纷繁的事务，还有地球本身存在的问题"，所有这些问题都可以被人的大拇指遮挡住，消失不见。

"但是他有一种强烈的感觉，那就是月球一直在以某种神秘的方式静静地等待着"

当谢泼德、米切尔开始准备返航时，米切尔感受到了突如其来的伤感，一种他称之为对这个古老又陌生世界的"奇怪的怀恋"之情。他知道舱外的环境有多么危险。在空气稀薄、没有生命气息、坑坑洼洼的月球上度过了宝贵的几个小时之后，他们都感受到了自己的眷恋。但是米切尔有一种强烈的感觉，那就是月球以某种神秘的方式静静地等待了数百万年，只为欢迎第一批到来的人类访客。

回到指令舱，他们发觉自己都有些许的多愁善感。他俩都知道，自己正在离开一个独一无二的地方，并且再也不会回来。

在月球上开车

"每当月球车撞上岩石，我们就会在太空中航行"

　　没有人在月球上待过很长时间。一次"阿波罗"登月任务通常会持续12天左右，但是其中大部分时间都花在了飞向月球和返回地球的路途上，在月球表面停留的时间只有两三天。而且，笨重的航天服使得宇航员在月球上四处活动时感到非常疲惫。这意味着，宇航员还没走多远就不得不返回大本营。

　　为了解决这个问题，戴维·斯科特、詹姆斯·欧文和艾尔弗雷德·沃登带上了一辆小型电动车。这辆车被称作"月球漫游者"，还有一个昵称叫"月球车"。它被折叠起来放在登月舱"猎鹰"号上，看起来有一点儿像装有躺椅座位的卡丁车。它的轮胎很结实，是用金属网制成的，而不是橡胶。车上可乘坐两名宇航员，有安置相机及科学仪器的地方，也有存放一袋袋沉重的泥土和月球岩石的地方。这些泥土和月球岩石是需要宇航员在月球表面一边开着车一边收集回来的。

月球车是有史以来速度最慢的机动车之一，它的最大速度只有12千米/时。但是听起来仍会觉得驾驶月球车一定是很有趣的事。低重力环境意味着哪怕一次小小的颠簸，都会让人感觉相当刺激。

欧文在体验过这种环境后返回地球时，描述了"每次月球车撞上了岩石或者小土丘时，我们就会在太空中航行"的情景。有好几次，月球车都几乎要完全翻过去了。

月球车或许是太阳系中曾生产出的行驶最缓慢的机动车之一，但是它们也是最昂贵的汽车，每一辆的总造价达3800万美元。它们的造价如此昂贵，原因之一是每一枚运载火箭的载荷都必须设计得尽可能的轻。因为火箭整体越轻，在发射时就越容易脱离地球的引力。这意味着要用特殊的金属合金来代替普通汽车的不锈钢材料，并且每个车轮内都要装有微型电机。此外还有两个电机控制月球车的运行，具体由宇航员操作安装在座位之间的操纵杆来把控。宇航员们抱怨说，穿着航天服再系安全带太难了。他们使用月球的照片而不是地图来寻路导航。

> "他们使用月球的照片而不是地图来寻路导航"

在这次任务中，戴维·斯科特和詹姆斯·欧文驾驶月球车出行了三次，总的行驶里程超过了27千米。这个距离听起来不太远，这并不全是出于费用的考虑，而是有规定要求两位宇航员不要走得太远。因为，如果月球车在中途抛锚了，他们就得步行返回"猎鹰"号登月舱。不过，与之前的历次任务相比，能够驾车行进意味着他们可以考察的区域更广阔了。他们还发现了"起源石"，这块"起源石"拥有超过40亿年的历史，真让人难以置信。

> "没有空气来减缓物体的运动速度，一切物体都会以相同的速度下降"

在最后一次出行中，斯科特进行了一项有趣的实验。这个实验是让一根猎鹰的羽毛和一把锤子同时落下，看哪一样东西先到达月面。不可思议

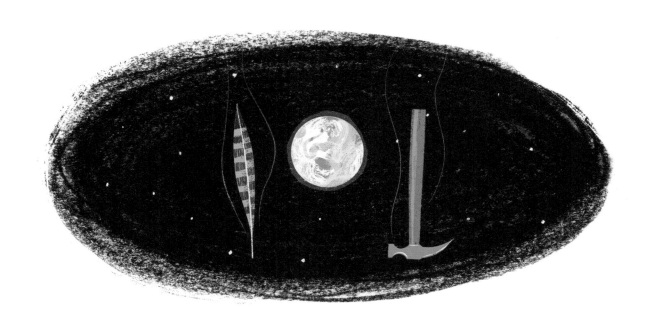

的是，它们几乎在同一时刻到达月面。因为在月球上，没有空气来减缓物体的运动速度，所以，一切物体都会以相同的速度下降。

在此次实验之后，月球车最后一次停在了距离"猎鹰"号登月舱约90米的地方。在那里，它用自带的相机拍摄了登月舱起飞的画面，然后将其传回到地球。即便月球车的造价相当昂贵，它们也还是被留了下来，并且至今仍停在月球上。"阿波罗15号""阿波罗16号""阿波罗17号"任务中各有一辆月球车。而第四辆月球车从来没有被使用过，目前在位于华盛顿特区的美国国家航空航天博物馆里进行展出。

壮美又令人迷茫的黑夜

"我从未见过有哪一天像在月球上的那天
一样晴朗"

到了"阿波罗16号"宇宙飞船准备起飞时，人们已经对人类在月球漫步这类消息习以为常了。一枚火箭以38,000千米/时的速度飞向如此神奇的地方，似乎再也没有多么不寻常了。

但是对于宇航员来说，他们的任务一点也不寻常。肯·马丁利在指令舱里待了5天多，绕月飞行了64圈。与此同时，约翰·扬和查利·杜克在月球表面度过了到那时为止最长的时间，探索了被称作笛卡尔高地的区域——一个位于月球东南部的坡地区域。

"肯·马丁利在
指令舱里待了
5天多，绕月
飞行了64圈"

杜克从登月舱"猎户座"号下来时，激动的心情溢于言表。"太棒了！"他向地球传回的信息说道，"天呐，月球上的第一步简直太酷了！"他和扬很快打开月球车，开启了他们首次乘坐月球车考察的旅程。这次考察计划持续7个多小时，几乎是"阿波罗11号"宇宙飞船的宇航员在舱外全部时间的3倍。

"天呐，月球上
的第一步简直
太酷了！"

他们在月球表面进行了几项实验，开展其中一项实验时，由于宇航员绊到了电线，造成电线损坏，实验失败了（航天服给行走带来了很多困难，宇航员在行走时看不见自己的脚）。最有意思的一项实验和月球车有关，在这项实验里，扬可以驾驶得比之前任何一次都更远，更快。

这次"大奖赛"主要测试了月球车刹车打滑和急转弯两项内容，同时通过对急刹车的测试来检验车的性能。虽然开车进行得很顺利，但是当扬完成该实验时满身都是月尘。这是由于车轮的挡尘板在驾驶过程中有轻微受损。

他们也做了一些其他的实验，虽然这些实验看起来没那么好玩，但它们同样很重要。他们用特殊的设备测定月球表面月壤、岩石的成分，并测量月球重力在不同地点的细微差别。

随着考察时间越来越长，宇航员很容易变得迷茫且失去方向感。月球上没有什么天气变化和空气污染，他们可以一眼望到月表几千米远处，却无法准确判断距离的远近。一座近旁的山丘看起来和远处的大山并无二致。在这样一个奇怪而陌生的环境里，漆黑的天空（甚至是更黑的阴影）使得导航更加困难。

在离开地球前，杜克曾做过一个非常奇怪的梦。在梦里，他和扬正驾驶着月球车，这时他们发现在尘土之中有一些车辙，随即便决定跟着车辙开车。不久以后，他们来到了另一辆月球车前，发现正和另外两名宇航员面对着面。杜克觉得他们看起来简直与自己和扬一模一样，他们好像一直坐在那儿，等待了几千年。

"你所能想象到的最壮丽的荒原"

虽然这听起来有些诡异，但是杜克一踏上月球，就爱上了月球上的一切，他说这是"你所能想象到的最壮丽的荒原"。他看到，在未经大气层过滤的阳光下，岩石闪耀着光芒。他觉得像是在自己家里一样，他得努力抑制住摘下头盔的冲动。因为一旦摘下头盔，他很快就会死亡。如果不戴头盔，宇航员不仅无法呼吸，月球上的环境还会使他身体里的血液和其他的体液沸腾，比如舌头上的唾液、皮肤表面的汗液等。

有趣的是，在杜克的梦中，如果他梦到的车辙是真实存在的，那么它们已经存在数千年甚至上百万年了。月球上没有风，所以月表的样子也就不会有什么变化。在月球上，除

"在月球上，除了阴影随太阳高度的变化而变化外，一切都静止不动"

了阴影随太阳高度的变化而变化外，一切都静止不动。这意味着宇航员们留在那儿的一切至今仍然存在——甚至是他们的脚印。

杜克意识到了这一点，于是把一张全家福放在了落月点附近。他在照片的背面留了言，希望未来的某一天，可以被再造访月球的人发现。留言写道：这是来自地球的宇航员杜克的全家福。1972年4月，登陆月球。

当然，照片并不是这两位宇航员留下的唯一物品。在踏出"猎户座"号登月舱开始他们第一次月球漫步之前，杜克递给了扬一个叫"抛弃袋"的袋子，里面装满了"阿波罗16号"宇宙飞船上的垃圾。和之前任务中类似装垃圾的袋子一样，这个袋子也将在数千年里一直留在月球上。

月球上最后的人类

"让我们尽情享受，不要为回家的事情担忧，
等那一刻来临时再说"

在人们听说"阿波罗17号"宇宙飞船将执行最后一次探月任务后，约有50万人
去观看了这次发射。这是火箭第一次在天黑之后发射。当火箭点亮了夜空，人们远在
800多千米外就能看见一道火红长带冲入天空。

这一次和以往不同的地方还在于有一些毛茸茸的小动物也加入了宇航员尤金·塞尔南、罗纳德·埃文斯和哈里森·施米特的团队，和他们一起进入舱内。五只老鼠分别叫Fe、Fi、Fo、Fum和Phooey，它们是一项实验的一部分，该实验是为了检验太空航行过程对动物的影响。

此次任务时长为12天半，是到那时为止预计用时最长的一次任务。任务期间，塞尔南和哈里森在月球表面度过了3天多的时间，成为迄今为止在月球上留下脚印的最后两个人。

"阿波罗17号"宇宙飞船的宇航员施米特是一位科学家，此前执行"阿波罗"系列任务的宇航员都是军事飞行员。施米特的专业是地质学，在对每次任务中的岩石样本进行检测时，他所接受的科学训练都会派上很大的用场，因而他的妻子建议他去申请当宇航员。

施米特从数百名科学家中被挑选出来，成为第一位飞向月球的科学家。在这趟旅程中，他拍下了迄今为止最为著名的照片之一。这张照片名叫"蓝色弹珠"，呈现了从距地球45,000千米远处看到的地球的样子。从那时起，全世界的人都被这张照片深深吸引：旋涡状白云覆盖下的海洋与大陆。

"在这趟旅程中，他拍下了迄今为止最为著名的照片之一"

"从那时起，全世界的人都被这张照片深深吸引：旋涡状白云覆盖下的海洋与大陆"

施米特和塞尔南准备享受他们在月球上的时光。在离开登月舱"挑战者"号后，他们俩唱了一首叫"The Fountain in the Park"（《公园里的喷泉》）的歌。这首歌原本的开头句是"While strolling in the park one day"（一天在公园漫步时），而施米特把这句歌词改成了"I was strolling on the Moon one day"（有一天我在月球漫步）。塞尔南也和他一块儿唱着，直到两个人都忘记了歌词，才继续他们的工作。

这次"阿波罗17号"宇宙飞船的登月着陆点是一个名叫陶拉斯‐利特罗谷的地方。之所以选择这个地方，是因为人们认为在这里可能同时找到如下两种岩石：比前几次任务带回去的岩石都更古老的和更年轻的岩石。这次的科学实验还包括几次小型爆破，这是为了能发现更多关于岩石表面的信息。我们见到的月亮通常是银白色或灰色的，但从之前任务中采集回来的岩石样本来看，它们中一些还含有不寻常的绿色、黑色的物质，甚至还有紫褐色的物质。而现在，在乘坐月球车进行的一次考察中，施米特有了意义非凡的发现——泥土实际上是橙色的。

"施米特有了意义非凡的发现——泥土实际上是橙色的"

起初，他以为这是自己的幻觉（阳光会使我们的眼睛产生错觉），但是塞尔南也看见了橙色的泥土。科学家们在研究了他们带回去的样本后，最终断定这种亮橙色的泥土很可能是在30多亿年前月

"月球车看起来像一个小玩具"

球上的一次大规模火山爆发中形成的。直到现在，通过研究这些带回的月球岩石，科学家们仍有惊人的发现。

"阿波罗17号"拍了许多照片。在与"蓝色弹珠"一样与众不同的照片中，有一张拍下了施米特站在一块和平房差不多大的巨石旁的样子。相较之下，他显得很小，而月球车看起来也像一个小玩具。在他身后是空空荡荡的月球荒原，上方是连绵不断的黑色苍穹。这是最后一次月球漫步中留下的绝美却又孤独的画面。

这是"阿波罗"系列最后一次探月任务了。无论是对那些为了"阿波罗"系列计划的成功付出过专业知识和辛劳汗水的人来说，还是对那些在地球上打开电视机收看登月旅程的几百万观众来说，都会感到不舍与难过。为了纪念这项系列计划，宇航员们在启程回家时留下了一块金属纪念牌。三位宇航员和总统理查德·尼克松都在这块纪念牌上签了字，牌子上写道："在这里，人类完成了他们对月球的第一次系列探索，公元1972年12月。愿我们来到这里所带着的和平精神，可以与全人类同在。"

而此时此刻，埃文斯正在绕月飞行，等待着他的同事们返程。他同时也在为自己将要执行的令人惊异的任务做着准备：在距离地球超过320,000千米远的地方进行一次太空行走。那是因为在指令舱和服务舱外装有特制的照相机，在重返地球大气层之前宇航员需要把它们摄录的影像资料拿到舱内。为了完成这项任务，就需要有一位宇航员在飞船从月球返回时爬出舱外。

"有一位宇航员需要在飞船从月球返回时爬出舱外"

对我们来说，待在一艘以超过1600千米/时的速度疾速行驶的飞船外，听起来有些心惊胆战。但太空中没有空气，这就意味着埃文斯对于飞船高速飞回地球时的速度丝毫不会察觉。由于没有任何空气阻力，他会感觉飞船就像根本没有移动一样。

不过，在一个多小时的时间里，他和飞船之间仅靠一根纤细的系绳连接，这根系绳给他提供氧气和动力。埃文斯在最后一次"阿波罗"登月任务接近尾声时，看宇宙的视角一定异乎寻常：月亮在他身后，繁星满天，地球在他眼前变得越来越庞大。

灿烂的遗产

"每一个在月球遥望的人都被地球的美丽所震撼"

"阿波罗17号"宇宙飞船的安全返航标志着探月这一伟大冒险迎来了一个结局。这50年间，人类经历了从未曾有人在月球上漫步，未曾有人从如此遥远的距离欣赏地球精致的美丽，到如今取得了探月的巨大成就。

"他们所到之处，人们都在说'我们做到了！'。不是你做到了，也不是美国做到了——而是我们做到了"

有幸亲历这一过程的12位宇航员，在从月球归来时受到了英雄般的欢迎。正是他们的勇敢与专业技能，使人类向未知领域迈进了一大步。他们所到之处，排满了去见他们、听他们演讲的人，并且还要跟他们说："我们做到了！"不是你做到了，也不是美国做到了——而是我们做到了。

人们这样说是因为对于他们来说，无论是在电视机前收看月球漫步这样激动人心的画面，还是近距离观看庞大的"土星5号"火箭发射升空，"阿波罗"系列登月任务都是全世界所有人可以一同分享的冒险历程。

"他们的成功表露出人类发现未知宇宙的渴望与探索的决心"

站在月球上不仅仅是一个国家或是这12名宇航员的成就，而是全人类所共有的重大成就。或许美国起初是为了向苏联以及其他国家展示本国科学家和宇航员的过人智慧与超群实力，但最终，他们的成功表露出人类发现未知宇宙的渴望与探索的决心。

宇航员的勇敢无畏着实令人震撼，但成千上万名数学家、科学家和工程师的聪明才智和艰苦奋斗同样值得铭记——正是他们为人类登陆月球提供了可能。成功往返月球是一件值得每个人来庆贺的事情：人类历经千百年的努力，终于得以踏上自己星球之外的世界。

　　完成这件事耗资巨大。据估算，实际上人类在月球表面的每一分钟，都要花费2200万美元，相当于1700多万英镑，也就是说每秒钟约花费28.8万英镑。

　　高昂的费用是至今还没有人重新返回月球，并在月表坑洼之间探险勘测的原因之一。其他的发射任务也在进行当中，目前的国际空间站就是一项非凡的创举——一个不可思议的在轨绕地实验室。不过，即便如此，它到地球的距离也仅仅约为月地距离的1/1000。每隔几个星期，就会有小火箭飞上去。到目前为止，已经有来自近20个国家的数百人执行过这样的飞行任务。

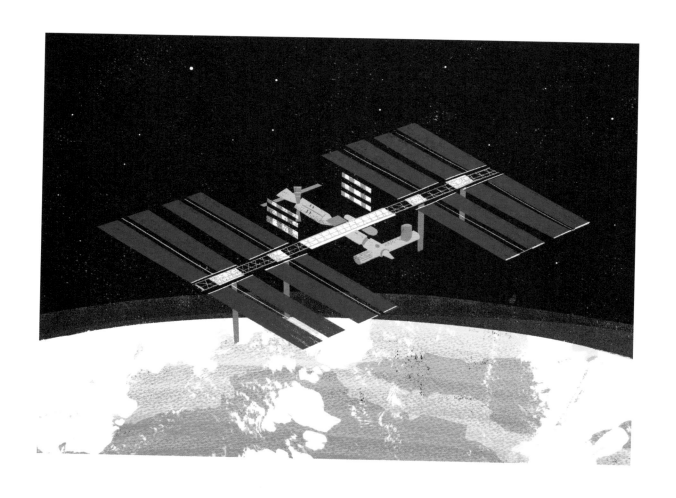

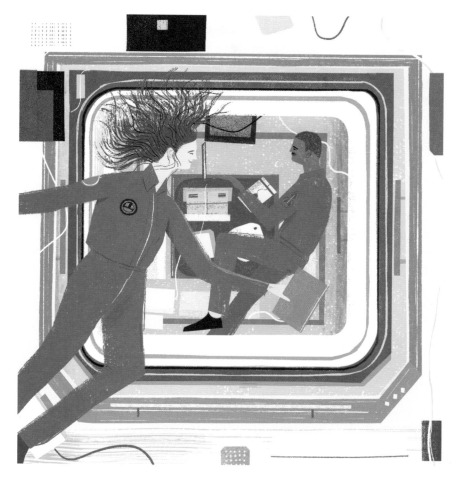

在空间站里工作一定让人难掩激动，但是和飞向月球相比，这样的激动便不值一提了——其任务之艰、花费之高、危险之多，远远超出了人们的想象。参与"阿波罗"系列登月任务的宇航员们证明了这是一项可以完成的任务，大大振奋了全世界的电视观众。更重要的是，他们完成的一次次任务，为未来人们飞往更深远的宇宙开辟了先路。

不过，这些探月任务最终能将我们带往何方仍不明晰。中国正在规划自己的登月任务；与此同时，"猎户座"号作为新型、性能更强的飞船，或许可以将其上的四位宇航员带往更辽远的太空。

最令人振奋的进展集中在火星探测领域。基于"土星5号"火箭和"阿波罗"系列登月任务的经验，美国的工程师团队已经在致力于研究相关技术，用来支持人类飞向著名的"红色星球"，并为他们返回地球前在火星的生活和工作提供技术保障。

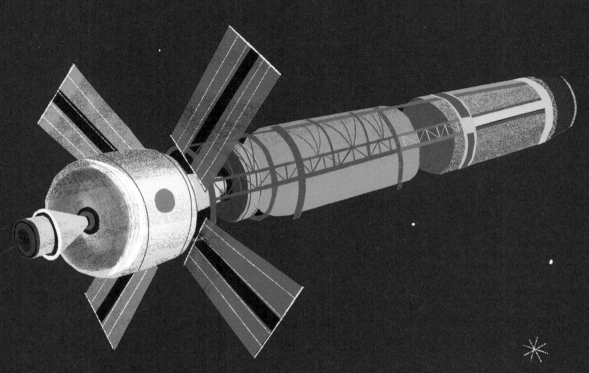

正如月球登陆的任务一样，飞往火星的任务同样面临无数挑战：火星与地球的距离超过5700万千米，这意味着几乎要用一年的时间才能到达那里。但是，如果说"阿波罗"系列登月任务的成功给我们留下了什么，那就是只要有勇气、决心和智慧，我们就可以走得更远，并终将抵达远方。

宇航员

"阿波罗11号"宇宙飞船

尼尔·阿姆斯特朗（指令长）

尼尔·阿姆斯特朗，1930年出生于俄亥俄州的沃帕科内塔，是踏上月球的第一人。6岁时，他第一次乘坐了飞机。长大后他成为一名出色的飞行员，执飞过200多种不同机型的飞机，包括喷气式飞机、火箭动力飞行器、直升机和滑翔机等。在"阿波罗11号"登月任务之前，他成功地完成两架飞行器在太空中的轨道对接，这在历史上还是第一次。阿姆斯特朗于2012年去世，享年82岁。

迈克尔·柯林斯（指令舱驾驶员）

迈克尔·柯林斯，1930年出生于意大利罗马，加入美国空军后，于1963年成为一名宇航员。他乘坐可容纳两人的太空舱进行了第一次太空飞行，并完成了两次太空行走。在"阿波罗11号"登月任务中，当阿姆斯特朗和奥尔德林在月球行走时，他留在指令舱内进行监测。柯林斯于1970年离开了美国国家航空航天局，并在一年后担任位于华盛顿特区的美国国家航空航天博物馆的馆长，任职7年。

埃德温·巴兹·奥尔德林（登月舱驾驶员）

奥尔德林曾在朝鲜战争中服役，他在麻省理工学院（MIT）获得博士学位后被选为宇航员。在"阿波罗11号"登月任务中，他驾驶登月舱降落在月球上，成为第二个踏上月球表面的人。1971年，他从美国国家航空航天局退休，从那时起撰写了多部著作，包括两部自传和关于"阿波罗"系列登月项目发展历史的书。

"阿波罗12号"宇宙飞船

查尔斯·皮特·康拉德（指令长）

康拉德童年时饱受阅读障碍的困扰，在读11年级时因大多数考试没有通过从学校退学。但是，他在毕业前就获得了飞行员证，并成为世界知名的宇航员、航空工程师、海军军官以及商人。他在第一次航天任务中创下了持续8天停留太空的纪录，并且成为了第三个在月球上行走的人。康拉德于1999年去世。

艾伦·比恩（登月舱驾驶员）

艾伦·比恩是美国海军的一名试飞员，他于1963年10月入选美国航空航天局第三批宇航员，成为14位受训者中的一员，也是第四个踏上月球的人。为了执行美国第一个空间站"天空实验室"（Skylab）的第二次载人飞行任务，他再次返回太空。从美国国家航空航天局退休后，他创作了著名的"阿波罗"登月任务主题绘画，包括靴子留下的脚印、月尘等。比恩于2018年去世。

理查德·戈登（指令舱驾驶员）

戈登作为最大胆的"雅皮士"为人们所铭记，他在太空时十分轻松，甚至在第二次太空行走的休息间隙里睡着了。从美国国家航空航天局退休之后，他成为了新奥尔良圣徒队职业足球俱乐部的执行副主席，并在石油、天然气、工程、科技公司工作过。戈登于2017年去世。

"阿波罗13号"宇宙飞船

吉姆·洛弗尔（指令长）

吉姆·洛弗尔原本是"阿波罗14号"宇宙飞船的指令长，但是由于另一组宇航员的指令长艾伦·谢泼德在耳朵患病后需要更长的时间进行训练，所以两组宇航员进行了调换。洛弗尔曾是"阿波罗8号"宇宙飞船的指令长，因此他是仅有的三位两次飞向月球的宇航员之一。同时，由于"阿波罗13号"登月任务执飞时的不幸命运，他又是唯一一位两次执行登月任务却一次也没能登陆月球的宇航员。

弗雷德·海斯（登月舱驾驶员）

弗雷德·海斯最初想当一名记者，却在1952年成为了一名海军航空兵学员，后担任战斗机飞行员。在海斯的一生中，他的飞行时间长达9300小时。由于在"阿波罗13号"宇宙飞船发生紧急状况后，三位宇航员为了返回地球而努力所飞过的距离，他们或许保持了有史以来人类从地球上出发所飞过的最远距离的纪录。

杰克·斯威格特（指令舱驾驶员）

众所周知，杰克·斯威格特在最后一分钟替代了肯·马丁利成为指令舱驾驶员。这是因为在此之前，马丁利接触到了风疹。斯威格特于1966年成为宇航员，此前曾作为美国空军飞行员在日本和韩国服役。1977年，他从美国国家航空航天局退休。1982年，他通过选举进入美国众议院（美国国会）。此后不久，就在同年12月，斯威格特因癌症去世。

"阿波罗14号"宇宙飞船

艾伦·谢泼德（指令长）

艾伦·谢泼德在执飞"阿波罗14号"宇宙飞船时已经47岁了，是进行过太空飞行的宇航员中年纪最大的。并且，在被允许执行任务前，他还努力克服了一种被称作梅尼埃病（俗称"美尼尔氏综合征"，英文名为 Meniere disease）的罕见内耳疾病。不过即便如此，也没有人会质疑他的经验。他是20世纪50年代末美国国家航空航天局招募的第一批七名宇航员之一，以"水星计划七人"而为人们所知。1961年，他成为美国进入太空的第一人。1998年，谢泼德因白血病去世。

埃德加·米切尔（登月舱驾驶员）

米切尔在美国海军服役后加入了"阿波罗"太空计划。在执飞"阿波罗14号"登月任务期间，米切尔和团队成员共同创造了截至当时在月球表面停留时间最长（33个小时）、移动距离最远的纪录。1972年，他从美国国家航空航天局退休，并将时间投入到他在超自然方面的兴趣中，甚至建立了一个专门从事相关研究的研究所。米切尔于2016年去世。

斯图尔特·鲁萨（指令舱驾驶员）

谢泼德选择斯图尔特·鲁萨和登月舱驾驶员米切尔作为"阿波罗14号"宇宙飞船机组成员时，他们没有任何太空飞行的经验。鲁萨在1966年成为美国国家航空航天局第五批宇航员之前，当过消防员和美国空军飞行员。在以宇航员的身份退休后，他在国际公司和美国企业中担任多个职位。鲁萨于1994年去世，享年61岁。

"阿波罗15号" 宇宙飞船

戴维·斯科特（指令长）

1932年，戴维·斯科特出生于德克萨斯州，曾在美国空军服役，是美国国家航空航天局于1963年10月挑选的第三批宇航员之一。他曾和尼尔·阿姆斯特朗共同执飞过"双子星8号"任务，并且是"阿波罗9号"的指令舱飞行员。之后，他在"阿波罗15号"登月任务中成为了第七个登上月球的人。

艾尔弗雷德·沃登（指令舱驾驶员）

艾尔弗雷德·沃登被选中执行"阿波罗15号"登月任务之前在空军服役。当斯科特和欧文乘坐登月舱飞向月球时，沃登开始独自绕月飞行。这一过程使他距离月球表面达3597千米远，创下了当时距离所有人类成员最远的纪录。

詹姆斯·欧文（登月舱驾驶员）

詹姆斯·欧文记得，当他还是一个生活在宾夕法尼亚州匹兹堡的小男孩时，曾因为想要去月球而被嘲笑。然而，他最终成为了第八个在月球上行走的人。他震撼于地球的美丽，在月球上度过的时光也对他产生了深远的影响。1972年7月，他从美国国家航空航天局退休，创立了一个宗教组织。欧文因心脏病于1991年去世。

"阿波罗16号"宇宙飞船

约翰·扬（指令长）

约翰·扬是第一个进行过6次太空飞行的人，并且在远离地球的太空度过了800多个小时。1981年，他指挥了第一次航天飞机飞行任务；1983年，指挥了第一次"空间实验室"的任务。直到20世纪80年代后期，他仍活跃在航天任务一线。2004年，他从美国国家航空航天局退休。2018年，扬去世。

托马斯·肯·马丁利（指令舱驾驶员）

肯·马丁利出生于伊利诺伊州的芝加哥市，他在成为宇航员之前是空军宇航研究院飞行员学校的学生。起初他是执行"阿波罗13号"登月任务的宇航员，但因为接触到了风疹不得不留在地球上。在此次任务中服务舱的氧气罐爆炸后，他要设法营救机组成员，长期的训练终于有了用武之地。"阿波罗16号"登月任务给了他一次等待已久的太空飞行的机会。

查利·杜克（登月舱驾驶员）

查利·杜克曾是"阿波罗10号"宇宙飞船和"阿波罗11号"宇宙飞船支持团队的成员。在执行"阿波罗16号"登月任务时，他36岁，是踏上月球的最年轻的宇航员。他在月球上留下了一张有他妻子和两个孩子的全家福。杜克从美国国家航空航天局退休后，就在空军后备队工作，直到1986年。同时他开始从事商业活动。杜克也积极参与监狱管理局事务。

"阿波罗17号" 宇宙飞船

尤金·塞尔南（指令长）

尤金·塞尔南是迄今最后一个踏上月球的人，也是仅有的三名曾两次飞往月球的宇航员之一，他曾在"阿波罗10号"登月任务中成功地绕月球轨道航行。他获得了多项荣誉：获得美国国家航空航天局杰出服务奖章，入选美国宇航员名人堂，被授予莱特兄弟纪念奖杯。塞尔南于2017年去世。

罗纳德·埃文斯（指令舱驾驶员）

1933年，罗纳德·埃文斯生于堪萨斯州的圣弗朗西斯，被公认为是宇航员中最优秀的飞行员之一。他保持了在月球轨道上停留时间最长的纪录——他在绕月球轨道飞行的指令舱里度过了6天多的时间；与此同时，塞尔南和施米特正在月球表面执行任务。埃文斯于1990年去世。

哈里森·施米特（登月舱驾驶员）

与其他宇航员不同，哈里森·施米特是一名地质学家，而不是一名试飞员或者军人。他的专业知识可以帮助美国国家航空航天局识别月球表面的特征，并依照这些特征，确定月球车的行驶路线。完成登陆月球的任务以后，他担任过新墨西哥州的参议员。施米特是一所大学的工程物理学兼职教授。

术语表

磁场（Magnetic field）

磁铁或电流周围形成的特殊物质。

大气层（Atmosphere）

包围了行星或者其卫星的一层气体。

空气动力学（Aerodynamics）

力学的一个分支，研究飞行器或其他物体在同空气或其他气体作相对运动时的受力特性、气体的流动规律以及伴随发生的物理化学变化。

燃料电池（Fuel Cell）

把燃料所具有的化学能直接转换成电能的化学装置。它的原料是燃料和氧气，能量转化效率高。

引力（Gravity）

两个物体相互吸引的力。一个物体的质量越大，它的引力就越大。这也是地球重力可以将我们吸引在地面的原因。

月震（Moonquake）

发生在月球上与地震相似的现象。月震比地震轻微，但也持续得更久——长达几个小时。

重力（G-force）

地球吸引其他物体的力，力的方向指向地心。物体落到地上就是这种力作用的结果。也泛指任何天体吸引其他物体的力，如月球重力、火星重力等。

时间轴

1961年4月
人类进入太空

尤里·加加林乘坐"东方1号"飞船
进入太空，是进入太空的第一人

1963年6月
第一位女性进入太空

瓦莲京娜·捷列什科娃成为了
第一位进入太空的女性

1964年5月
"土星1号"火箭发射

"阿波罗"宇宙飞船（无人驾驶）
早期型号首飞

1971年5月
"火星3号"探测器发射

在火星着陆的第一个
空间探测器

1971年4月
"礼炮1号"空间站

苏联发射了第一个空间站

1971年1月
"阿波罗14号"宇宙飞船

种子被带入太空，之后证实
它们仍可发芽

1971年7月
"阿波罗15号"
宇宙飞船

第一辆月球车投入
使用

1972年4月
"阿波罗16号"
宇宙飞船

探索月球笛卡尔高地

1968年1月
"阿波罗5号"宇宙飞船

登月舱（无人驾驶）第一次试飞

1968年10月
"阿波罗7号"宇宙飞船

"阿波罗"宇宙飞船首次载人飞行

1969年7月
"阿波罗11号"宇宙飞船

人类第一次踏上月球

1969年11月
"阿波罗12号"
宇宙飞船

进行月球探测

1970年4月
"阿波罗13号"
宇宙飞船

在氧气罐爆炸后任务中止

1972年12月
"阿波罗17号"宇宙飞船

这是"阿波罗"系列最后一次探月任务

1998—2010年
国际空间站的建立

到目前为止太空中所建造的
最大型的人造建筑物

2012年
星际空间

"旅行者1号"探测器成为了
第一个离开太阳系进入到恒
星间区域的航天器

图书在版编目（CIP）数据

飞向月球：人类登月的历史 / (英) 戴维·朗著；
陆天和译. -- 杭州：浙江教育出版社，2020.11（2022.3重印）
ISBN 978-7-5722-0943-7

Ⅰ.①飞… Ⅱ.①戴… ②陆… Ⅲ.①月球探索－儿
童读物 Ⅳ.①V1-49

中国版本图书馆CIP数据核字(2020)第206092号

引进版图书合同登记号 浙江省版权局图字：11—2020—431

飞向月球：人类登月的历史
FEIXIANG YUEQIU: RENLEI DENGYUE DE LISHI

［英］戴维·朗 著　［美］萨姆·卡尔达 绘　陆天和 译

选题策划：北京浪花朵朵文化传播有限公司	出版统筹：吴兴元
责任编辑：高露露	特约编辑：左　宁
美术编辑：韩　波	责任校对：吴颖华
责任印务：曹雨辰	封面设计：唐志永
营销推广：ONEBOOK	

出版发行：浙江教育出版社（杭州市天目山路40号　电话：0571-85170300-80928）
印刷装订：北京利丰雅高长城印刷有限公司（北京市通州区科创东二街3号院）

开本：635mm×965mm 1/16	印张：5.5	字数：110 000
版次：2020年11月第1版	印次：2022年3月第2次印刷	

标准书号：ISBN 978-7-5722-0943-7
定价：88.00元

官方微博：@ 浪花朵朵童书
读者服务：reader@hinabook.com 188-1142-1266
投稿服务：onebook@hinabook.com 133-6631-2326
直销服务：buy@hinabook.com 133-6657-3072

后浪出版咨询(北京)有限责任公司　版权所有，侵权必究
投诉信箱：copyright@hinabook.com　fawu@hinabook.com
未经许可，不得以任何方式复制或者抄袭本书部分或全部内容
本书若有印、装质量问题，请与本公司联系调换，电话010-64072833